馬克杯餅乾

克莉絲黛·於艾-葛梅茲 Christelle Huet-Gomez 著

陳宏美 譯

目錄

關於馬克杯餅乾，其實只有4個重點 06
了解你的微波爐，讓餅乾更好吃 08
了解馬克杯餅乾食譜，讓餅乾更好吃 10

經典餅乾

百分百巧克力餅乾 12
巧克力豆餅乾 14

堅果類餅乾

堅果百匯餅乾 16
山核桃餅乾 18
榛果香料餅乾 20
肉桂杏仁餅乾 22
白巧克力開心果餅乾 24

水果類餅乾

藍莓檸檬餅乾 26
香蕉巧克力餅乾 28
椰子巧克力餅乾 30

開心果草莓餅乾 32
橘子巧克力餅乾 34
甜蜜蘋果餅乾 36

美式餅乾

花生巧克力餅乾 38
燕麥片餅乾 40
蔓越莓白巧克力餅乾 42
奶油乳酪餅乾 44
Oreo口味餅乾 46
棉花糖餅乾 48
抹茶餅乾 50
紅絲絨餅乾 52
半熟馬克杯餅乾 54

超級餅乾

花生焦糖巧克力餅乾 56

抹醬餅乾 58

熔岩玉米片餅乾 60

白巧克力杏仁玫瑰餅乾 62

巧克力豆餅乾 64

果汁糖餅乾 66

雙色餅乾 68

焦糖夏威夷果仁餅乾 70

焦糖餅乾 72

開胃小品

橄欖佐菲達乳酪 74

培根佐高達乳酪 76

松子火腿 78

風乾蕃茄起司 80

關於馬克杯餅乾,其實只有4個重點:

1.使用工具包含有:1個馬克杯和1支湯匙

本書收錄的食譜所提到的計量,都是以量匙當中的大匙與茶匙來標示,馬克杯餅乾的製作較為隨性,不需太過精算份量。但如果您真的很想要用磅秤精算的話,也沒問題,請翻至P.10,將有詳細的單位換算對照表供您參考。

2.烘烤加熱:只需要微波爐加熱1分鐘即可

若微波爐設定功率為800W,馬克杯餅乾只需要微波爐加熱1分鐘;但每台微波爐的功率不盡相同,功率越低,需要的時間越多,功率越高,則需要的時間越短,請根據功率的不同,以及所製作出的馬克杯餅乾的結果,衡量調整。

如果想要做出更加小巧可愛的馬克杯餅乾,您可以將製作出的麵糰分成兩份,分別放在兩個馬克杯中,並將微波爐功率設定為800W加熱50秒,即可完成。

為了您的安全著想,請勿將金屬材質馬克杯或是古董茶具杯拿來製作馬克杯餅乾。

3.如何品嚐馬克杯餅乾?

很簡單,用1支小湯匙從馬克杯中勺出,再慢慢一口一口直接吃掉它。當然,請務必等到馬克杯餅乾回到常溫後再細細品嚐,而這也是馬克杯餅乾風味最佳的時刻。若您想將馬克杯餅乾脫模擺盤,只需要等上幾分鐘,請等到餅乾出爐,慢慢變硬之後,再脫模即可。要注意,如果為了降溫而放在冰箱太久,餅乾可能會變得太乾。

4.加入麵糰中烘焙使用的巧克力豆與巧克力磚

在烘焙材料行中,可以找到烘焙用的巧克力豆或是巧克力磚。若要自己動手做出巧克力碎片,也很簡單,只要將巧克力冰過後,用菜刀剁碎就好。

奶油＋砂糖＋雞蛋＋麵粉

一起放到馬克杯中

就可以做出好吃的

馬克杯餅乾

了解你的微波爐,讓餅乾更好吃!

微波爐功率會影響微波時間嗎?

微波爐的輸出功率(W)指的是對食品加熱做功的微波功率,一般家庭建議使用800W～1000W,微波功率越低,加熱速度越慢,所耗費的時間也越長;微波功率越高,加熱速度越快,所耗費的時間也就越短,本書食譜皆有針對800W和1000W提出相應的微波時間,如果您的微波爐不在此範圍內,則需要自行加減,調整出合適的時間。

微波爐功率設定換算:

功率設定800W的微波爐加熱1分鐘

=功率設定1000W的微波爐加熱50秒

=功率設定650W的微波爐加熱1分20秒

微波爐適合放在哪個位置?

微波爐應選擇放置在乾燥通風的地方,避免放在有熱氣、水蒸氣和自來水可能進入或濺入微波爐的地方,以免導致微波爐內電器元件的故障。

微波爐最好放置在固定的、平穩的台子上使用,並且在微波爐的四周留有3公分以上的通風空間。

正確選擇適合微波的容器

不是每一種容器都能微波,盡量選擇瓷器、玻璃保鮮盒,或是有微波標章的容器來微波,微波容器上不能有金屬邊,也不能放入金屬製的餐具,避免產生火花。

微波的時候也不可蓋上蓋子,否則容易造成容器內壓力過大而爆炸的情形。

分次加熱更美味

使用微波爐加熱以一次1分鐘為佳,若單次加熱時間太長,很容易造成食物燒焦或是過乾。如需加熱3分鐘,請分為3次,每次1分鐘,才能讓食物保持在美味的狀態。

如何讓微波爐保持乾淨?

在微波的過程中很容易造成食物汁液的噴濺,建議在使用完微波爐之後,趁著還有餘溫,用濕布直接將汙漬擦拭掉。若等到微波爐冷卻,汙漬就會附著在內壁,較難擦掉,也容易殘留難聞的氣味。除此之外,太多的汙漬會干擾微波反射,造成熱傳導不平均,導致加熱的時間變長。

了解馬克杯餅乾食譜,讓餅乾更好吃!

用量匙還是用磅秤?

對於製作甜點這回事,一般人的刻板印象就是在食材的分量必須非常「精確」,而馬克杯甜點食譜就是為了打破這個印象而誕生的。做甜點可以很隨性、很隨時,不需要拿著磅秤精準的衡量重量,只需要1根量匙,多一點麵粉少一點麵粉、多一點糖少一點糖、多一點巧克力少一點巧克力……,並不會影響馬克杯甜點的好吃程度,相反的,你還能根據自己的喜好來調整口味。

我還是想用磅秤秤重材料

如果你身為製作甜點的控制狂,無法忍受隨性的用量匙舀材料這回事,那麼也可以參考這份對照表:
- 1份奶油0.5公分切片=15公克
- 1大匙(平匙 / 尖匙)的糖=10 / 20公克
- 1大匙(平匙 / 尖匙)的麵粉=5 / 15公克
- 1大匙的巧克力豆=10公克
- 1大匙的巧克力粉=3公克
- 1大匙的杏仁粉=7公克
- 1大匙的核桃碎粒=5公克
- 1大匙的鮮奶油=10公克
- 1大匙的蜂蜜=10公克

奶油的份量該如何拿捏?

本書食譜當中以0.5公分切片的方式來表示奶油的份量,在國外,奶油有一定的大小,0.5公分厚的切片約等於15公克。在台灣,一般市售的奶油有尺寸大小不同的區別,建議可依照購買的奶油公克數與長度進行換算,就能知道應該切片多厚。

一定要用巧克力豆嗎?

本書食譜當中應用到許多巧克力豆,這是為了方便用量匙測量,你也可以使用巧克力塊或巧克力碎片,並不影響餅乾的口感。

讓堅果更加飄香的秘密

書中有一部份的食譜使用各種堅果為主角,堅果本身就富有香味,很適合加入餅乾裡,但若是在加入之前先以平底鍋將堅果小火略煎,則能更加發揮堅果的氣味,讓餅乾更美味。

感 謝

感謝我的女兒們為我開心的
嚐試了全部的食譜。
感謝Akiko與Christine給予我寶貴的建議。
感謝Pauline以及Marabout小組們
對我源源不絕的信心。
另外，更要感謝
Emilie Ev, Elen, Clothilde, Aurelie, Celine與Julie
給我直到最後一刻的支持。

1人份料理　•　製作時間：5分鐘

百分百巧克力**餅乾**

需要的材料有：

- 無鹽奶油 0.5公分切片
- 細砂糖 1平匙
- 二砂糖 1平匙
- 蛋黃 1顆量

- 低筋麵粉 4平匙
- 無糖巧克力粉 1茶匙
- 黑巧克力豆 2大匙

開始動手做：

① 將無鹽奶油放入馬克杯中，放入功率設定800W的微波爐加熱30秒，或是功率設定1000W的微波爐加熱20秒。

② 拿出馬克杯，接著加入細砂糖、二砂糖、蛋黃、低筋麵粉、無糖巧克力粉與黑巧克力豆，充分攪拌均勻。

③ 把馬克杯放入功率設定800W的微波爐加熱1分鐘，或是功率設定1000W的微波爐加熱50秒即完成。

巧克力豆餅乾

需要的材料有：

- 無鹽奶油 0.5公分切片
- 香草糖粉 1袋（約7g）
- 二砂糖 1平匙
- 蛋黃 1顆量
- 香草精 1茶匙
- 低筋麵粉 2平匙加1尖匙
- 巧克力豆 2大匙

開始動手做：

1. 將無鹽奶油放入馬克杯中，放入功率設定800W的微波爐加熱30秒，或是功率設定1000W的微波爐加熱20秒。

2. 拿出馬克杯，接著加入香草糖粉、二砂糖、蛋黃、香草精、低筋麵粉與巧克力豆，充分攪拌均勻。

3. 把馬克杯放入功率設定800W的微波爐加熱1分鐘，或是功率設定1000W的微波爐加熱50秒即可完成。

可隨喜好選擇白巧克力、牛奶巧克力或黑巧克力等不同口味的巧克力豆。

堅果百匯餅乾

需要的材料有：

- 無鹽奶油 0.5公分切片
- 細砂糖 1平匙
- 二砂糖 1平匙
- 蛋黃 1顆量
- 杏仁粒 1茶匙
- 低筋麵粉 2平匙加1尖匙
- 榛果碎粒 1大匙
- 核桃碎粒 1大匙
- 山核桃碎粒 1大匙

開始動手做：

① 先將堅果類的材料放入平底鍋中烘烤5分鐘。

② 將無鹽奶油放入馬克杯中，放入功率設定800W的微波爐加熱30秒，或是功率設定1000W的微波爐加熱20秒。

③ 拿出馬克杯，接著加入細砂糖、二砂糖、蛋黃、杏仁粒、低筋麵粉與堅果碎粒，充分攪拌均勻。

④ 把馬克杯放入功率設定800W的微波爐加熱1分鐘，或是功率設定1000W的微波爐加熱50秒即完成。

山核桃餅乾

需要的材料有：

- 無鹽奶油 0.5公分切片
- 細砂糖 1平匙
- 二砂糖 1平匙
- 蛋黃 1顆量
- 低筋麵粉 2平匙加1尖匙
- 山核桃碎粒 2大匙
- 黑巧克力磚 2塊

開始動手做：

1 將無鹽奶油放入馬克杯中，放入功率設定800W的微波爐加熱30秒，或是功率設定1000W的微波爐加熱20秒。

2 拿出馬克杯，接著加入細砂糖、二砂糖、蛋黃、低筋麵粉與山核桃碎粒，充分攪拌均勻。

3 把馬克杯放入功率設定800W的微波爐加熱1分鐘，或是功率設定1000W的微波爐加熱50秒，取出放涼後等待脫模使用。

4 將黑巧克力磚放入另一個馬克杯中，放入功率設定500W的微波爐加熱20秒兩次，兩次加熱間，都需要充分攪拌均勻，才再進行下一次加熱。

5 以湯匙取出做法❹的巧克力醬，塗抹淋繪在馬克杯餅乾上即完成。

如果想要讓成品更加可口美味，建議您先將山核桃碎粒材料放入平底鍋中烘烤5分鐘，以帶出更濃郁的堅果香氣。

榛果香料餅乾

需要的材料有：

- 無鹽奶油 0.5公分切片
- 蜂蜜 1大匙
- 二砂糖 1平匙
- 蛋黃 1顆量
- 四香料 1/2茶匙
- 低筋麵粉 1尖匙
- 全麥麵粉 1尖匙
- 榛果碎粒 1大匙

開始動手做：

❶ 將無鹽奶油放入馬克杯中，放入功率設定800W的微波爐加熱30秒，或是功率設定1000W的微波爐加熱20秒。

❷ 拿出馬克杯，接著加入蜂蜜、二砂糖、蛋黃、低筋麵粉、全麥麵粉、四香料和榛果碎粒，充分攪拌均勻。

❸ 把馬克杯放入功率設定800W的微波爐加熱1分鐘，或是功率設定1000W的微波爐加熱50秒即可完成。

四香料通常是指：肉桂、荳蔻粉、丁香和薑。

肉桂杏仁餅乾

需要的材料有：

- 無鹽奶油 0.5公分切片
- 細砂糖 1平匙
- 蜂蜜 1大匙
- 蛋黃 1顆量
- 肉桂粉 1/2茶匙
- 低筋麵粉 1尖匙
- 杏仁粉 1大匙
- 杏仁片 1大匙

開始動手做：

① 將杏仁片材料放入平底鍋中烘烤，直到杏仁片表面呈現金黃色般的色澤即可。

② 將無鹽奶油放入馬克杯中，放入功率設定800W的微波爐加熱30秒，或是功率設定1000W的微波爐加熱20秒。

③ 拿出馬克杯，接著加入細砂糖、蜂蜜、蛋黃、肉桂粉、低筋麵粉、杏仁粉及杏仁片，充分攪拌均勻。

④ 把馬克杯放入功率設定800W的微波爐加熱1分鐘，或是功率設定1000W的微波爐加熱50秒即可完成。

白巧克力開心果餅乾

需要的材料有：

- 無鹽奶油 0.5公分切片
- 細砂糖 1平匙
- 二砂糖 1平匙
- 蛋黃 1顆量
- 香草精 1茶匙
- 低筋麵粉 4平匙
- 烘烤過的開心果 1大匙
- 白巧克力豆 1又1/2大匙

開始動手做：

❶ 將無鹽奶油放入馬克杯中，放入功率設定800W的微波爐加熱30秒，或是功率設定1000W的微波爐加熱20秒。

❷ 拿出馬克杯，接著加入細砂糖、二砂糖、蛋黃、香草精、低筋麵粉、開心果及白巧克力豆，充分攪拌均勻。

❸ 把馬克杯放入功率設定800W的微波爐加熱1分鐘，或是功率設定1000W的微波爐加熱50秒即可完成。

如果正好身邊缺少開心果這項材料，也可以直接用1平匙的低筋麵粉來取代喔！

藍莓檸檬餅乾

 需要的材料有：

- 無鹽奶油 0.5公分切片
- 細砂糖 1平匙
- 二砂糖 1平匙
- 蛋黃 1顆量
- 低筋麵粉 2平匙加1尖匙
- 檸檬皮屑 1/2茶匙
- 藍莓 2大匙
- 白巧克力 1塊

開始動手做：

❶ 將無鹽奶油放入馬克杯中，放入功率設定800W的微波爐加熱30秒，或是功率設定1000W的微波爐加熱20秒。

❷ 拿出馬克杯，接著加入細砂糖、二砂糖、蛋黃、低筋麵粉、檸檬皮屑及藍莓，充分攪拌均勻。接著將白巧克力塊放入麵糊的正中央。

❸ 把馬克杯放入功率設定800W的微波爐加熱1分鐘，或是功率設定1000W的微波爐加熱50秒即可完成。

香蕉巧克力餅乾

需要的材料有：

- 無鹽奶油 0.5公分切片
- 細砂糖 1平匙
- 二砂糖 1平匙
- 蛋黃 1顆量
- 低筋麵粉 4平匙
- 燕麥片 2大匙
- 香蕉切丁 1/4根量
- 香蕉切片 1片
- 黑巧克力豆 2大匙

開始動手做：

1. 將無鹽奶油放入馬克杯中，放入功率設定800W的微波爐加熱30秒，或是功率設定1000W的微波爐加熱20秒。

2. 拿出馬克杯，接著加入細砂糖、二砂糖、蛋黃、低筋麵粉、燕麥片、香蕉切丁及黑巧克力豆，充分攪拌均勻。接著將1片香蕉切片放上麵糊的正中央。

3. 把馬克杯放入功率設定800W的微波爐加熱1分鐘，或是功率設定1000W的微波爐加熱50秒即完成。

椰子巧克力**餅乾**

需要的材料有：

- 無鹽奶油 0.5公分切片
- 細砂糖 1平匙
- 二砂糖 1平匙
- 蛋黃 1顆量
- 低筋麵粉 4平匙
- 無糖巧克力粉 1茶匙
- 椰仁粉或椰仁粒 2大匙

開始動手做：

❶ 將無鹽奶油放入馬克杯中，放入功率設定 800W的微波爐加熱30秒，或是功率設定 1000W的微波爐加熱20秒。

❷ 拿出馬克杯，接著加入細砂糖、二砂糖、蛋 黃、低筋麵粉、無糖巧克力粉及椰仁粒，充 分攪拌均勻。

❸ 把馬克杯放入功率設定800W的微波爐加熱1 分鐘，或是功率設定1000W的微波爐加熱50 秒即可完成。

開心果草莓餅乾

需要的材料有：

- 無鹽奶油 0.5公分切片
- 二砂糖 1平匙
- 草莓醬 1大匙
- 蛋黃 1顆量
- 低筋麵粉 4平匙
- 杏仁粉 1大匙
- 無鹽開心果 1大匙
- 黑巧克力豆 1大匙

開始動手做：

① 將無鹽奶油放入馬克杯中，放入功率設定800W的微波爐加熱30秒，或是功率設定1000W的微波爐加熱20秒。

② 拿出馬克杯，接著加入二砂糖、草莓醬、蛋黃、低筋麵粉、杏仁粉、無鹽開心果及黑巧克力豆，充分攪拌均勻。

③ 把馬克杯放入功率設定800W的微波爐加熱1分鐘，或是功率設定1000W的微波爐加熱50秒即可完成。

橘子巧克力餅乾

需要的材料有：

- 無鹽奶油 0.5公分切片
- 細砂糖 1平匙
- 二砂糖 1平匙
- 蛋黃 1顆量
- 香橙皮屑 1/2茶匙
- 低筋麵粉 2平匙和 1尖匙
- 無糖巧克力粉 1茶匙
- 橘子果醬（含果粒）1大匙
- 黑巧克力 2塊

開始動手做：

① 將無鹽奶油放入馬克杯中，放入功率設定800W的微波爐加熱30秒，或是功率設定1000W的微波爐加熱20秒。

② 拿出馬克杯，接著加入細砂糖、二砂糖、蛋黃、香橙皮屑、低筋麵粉、無糖巧克力粉及橘子果醬，充分攪拌均勻。接著將黑巧克力塊放入麵糊的正中央。

③ 把馬克杯放入功率設定800W的微波爐加熱1分鐘，或是功率設定1000W的微波爐加熱50秒即可完成。

甜蜜蘋果餅乾

需要的材料有：

- 無鹽奶油 0.5公分切片
- 二砂糖 1平匙
- 蛋黃 1顆量
- 肉桂粉 1小撮
- 低筋麵粉 1尖匙
- 杏仁粉 2大匙
- 蘋果切丁 1/4顆
- 珍珠糖 1大匙

① 將無鹽奶油放入馬克杯中，放入功率設定800W的微波爐加熱30秒，或是功率設定1000W的微波爐加熱20秒。

② 拿出馬克杯，接著加入二砂糖、蛋黃、肉桂粉、低筋麵粉、杏仁粉及蘋果丁，充分攪拌均勻。

③ 把馬克杯放入功率設定800W的微波爐加熱30秒，或是功率設定1000W的微波爐加熱25秒，取出馬克杯後，加入珍珠糖，繼續攪拌混合，再將把馬克杯放入功率設定800W的微波爐加熱30秒，或是功率設定1000W的微波爐加熱25秒後即可完成。

1人份料理 ・ 製作時間：5分鐘

花生巧克力餅乾

 需要的材料有：

- 無鹽奶油 0.5公分切片
- 細砂糖 1平匙
- 蛋黃 1顆量
- 花生醬 1大匙
- 低筋麵粉 1尖匙
- 牛奶巧克力 3塊

開始動手做：

① 將無鹽奶油放入馬克杯中，放入功率設定800W的微波爐加熱30秒，或是功率設定1000W的微波爐加熱20秒。

② 拿出馬克杯，接著加入細砂糖、蛋黃、花生醬及低筋麵粉，充分攪拌均勻。最後將牛奶巧克力塊放入麵糊的正中央。

③ 把馬克杯放入功率設定800W的微波爐加熱1分鐘，或是功率設定1000W的微波爐加熱50秒即可完成。

燕麥片餅乾

需要的材料有：

- 無鹽奶油 0.5公分切片
- 細砂糖 1平匙
- 二砂糖 1平匙
- 蛋黃 1顆量
- 低筋麵粉 1尖匙
- 燕麥片 3大匙
- 核桃碎粒 1大匙
- 牛奶巧克力豆 2大匙

開始動手做：

① 將無鹽奶油放入馬克杯中，放入功率設定800W的微波爐加熱30秒，或是功率設定1000W的微波爐加熱20秒。

② 拿出馬克杯，接著加入細砂糖、二砂糖、蛋黃、低筋麵粉、燕麥片、核桃碎粒及牛奶巧克力豆，充分攪拌均勻。

③ 把馬克杯放入功率設定800W的微波爐加熱1分鐘，或是功率設定1000W的微波爐加熱50秒即可完成。

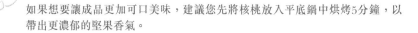

如果想要讓成品更加可口美味，建議您先將核桃放入平底鍋中烘烤5分鐘，以帶出更濃郁的堅果香氣。

蔓越莓白巧克力餅乾

需要的材料有：

- 無鹽奶油 0.5公分切片
- 細砂糖 1平匙
- 二砂糖 1/2大匙
- 蛋黃 1顆量
- 低筋麵粉 2平匙加1尖匙
- 蔓越莓乾 1大匙
- 白巧克力豆 1又1/2大匙

開始動手做：

1. 將無鹽奶油放入馬克杯中，放入功率設定800W的微波爐加熱30秒，或是功率設定1000W的微波爐加熱20秒。

2. 拿出馬克杯，接著加入細砂糖、二砂糖、蛋黃、低筋麵粉、蔓越莓乾及白巧克力豆，充分攪拌均勻。

3. 把馬克杯放入功率設定800W的微波爐加熱1分鐘，或是功率設定1000W的微波爐加熱50秒即可完成。

奶油乳酪餅乾

需要的材料有：

- 無鹽奶油 0.5公分切片
- 細砂糖 1尖匙
- 蛋黃 1顆量
- 香草精 1茶匙
- 新鮮乳酪(軟質乳酪，如奶油乳酪) 2平匙
- 低筋麵粉 2尖匙
- 白巧克力豆 2大匙
- 紅色水果庫利 適量

開始動手做：

① 將無鹽奶油放入馬克杯中，放入功率設定800W的微波爐加熱30秒，或是功率設定1000W的微波爐加熱20秒。

② 拿出馬克杯，接著加入細砂糖、蛋黃、香草精、新鮮乳酪、低筋麵粉及白巧克力豆，充分攪拌均勻。

③ 把馬克杯放入功率設定800W的微波爐加熱1分鐘，或是功率設定1000W的微波爐加熱50秒。取出，待馬克杯餅乾放涼後，淋上紅色水果庫利即可完成。

Oreo口味餅乾

需要的材料有：

- 無鹽奶油 0.5公分切片
- 香草糖粉 1袋(約7g)
- 二砂糖 1平匙
- 蛋黃 1顆量
- 香草精 1茶匙
- 低筋麵粉 2平匙加1尖匙
- OREO巧克力餅乾碎片 2片量

開始動手做：

① 將無鹽奶油放入馬克杯中，放入功率設定800W的微波爐加熱30秒，或是功率設定1000W的微波爐加熱20秒。

② 拿出馬克杯，接著加入香草糖粉、二砂糖、蛋黃、香草精、低筋麵粉及OREO巧克力餅乾碎片，充分攪拌均勻。

③ 把馬克杯放入功率設定800W的微波爐加熱1分鐘，或是功率設定1000W的微波爐加熱50秒即可完成。

棉花糖餅乾

需要的材料有：

- 無鹽奶油 0.5公分切片
- 二砂糖 1平匙
- 蛋黃 1顆量
- 香草精 1茶匙
- 低筋麵粉 2平匙加1尖匙
- 迷你棉花糖 2大匙
- 黑巧克力豆 1大匙

開始動手做：

① 將無鹽奶油放入馬克杯中，放入功率設定800W的微波爐加熱30秒，或是功率設定1000W的微波爐加熱20秒。

② 預留一些迷你棉花糖做裝飾使用。

③ 拿出馬克杯，接著加入二砂糖、蛋黃、香草精、低筋麵粉、剩餘的迷你棉花糖及黑巧克力豆，充分攪拌均勻。

④ 把馬克杯放入功率設定800W的微波爐加熱50秒，或是功率設定1000W的微波爐加熱40秒，然後，將預留的迷你棉花糖撒在麵糊表層，再把馬克杯放入功率設定800W的微波爐加熱10秒，或是功率設定1000W的微波爐加熱5秒即可完成。

抹茶餅乾

需要的材料有：

- 無鹽奶油 0.5公分切片
- 細砂糖 1平匙
- 二砂糖 1平匙
- 蛋黃 1顆量
- 抹茶粉 1/2茶匙
- 低筋麵粉 1尖匙
- 杏仁粉 1大匙
- 白巧克力豆 2大匙

開始動手做：

1. 將無鹽奶油放入馬克杯中，放入功率設定800W的微波爐加熱30秒，或是功率設定1000W的微波爐加熱20秒。

2. 拿出馬克杯，接著加入細砂糖、二砂糖、蛋黃、抹茶粉、低筋麵粉、杏仁粉及白巧克力豆，充分攪拌均勻。

3. 把馬克杯放入功率設定800W的微波爐加熱1分鐘，或是功率設定1000W的微波爐加熱50秒即可完成。

1人份料理 · 製作時間：8分鐘

紅絲絨餅乾

 需要的材料有：

- 無鹽奶油 0.5公分切片
- 香草糖粉 1袋(約7g)
- 二砂糖 1/2大匙
- 蛋黃 1顆量
- 香草精 1茶匙
- 紅色色素 1滴
- 無糖巧克力粉 1茶匙
- 低筋麵粉 4平匙
- 黑巧克力豆 2大匙
- 裝飾糖霜 1/2茶匙的水加
  2尖匙的糖粉

開始動手做：

① 將無鹽奶油放入馬克杯中，放入功率設定800W的微波爐加熱30秒，或是功率設定1000W的微波爐加熱20秒。

② 拿出馬克杯，接著加入香草糖粉、二砂糖、蛋黃、香草精、紅色色素、無糖巧克力粉、低筋麵粉及黑巧克力豆後，充分攪拌均勻。

③ 把馬克杯放入功率設定800W的微波爐加熱1分鐘，或是功率設定1000W的微波爐加熱50秒。取出，待馬克杯餅乾放涼後脫模，用裝飾糖霜加以裝飾，將馬克杯餅乾放置冷凍即可完成。

④ 紅絲絨餅乾非冷凍版本：請將二砂糖的份量改為1平匙量即可。

半熟馬克杯餅乾

需要的材料有：

- 無鹽奶油 0.5公分切片
- 細砂糖 1平匙
- 二砂糖 1平匙
- 蛋黃 1顆量
- 低筋麵粉 2平匙加1尖匙
- 黑巧克力豆 2大匙

開始動手做：

❶ 將無鹽奶油放入馬克杯中，放入功率設定800W的微波爐加熱30秒，或是功率設定1000W的微波爐加熱20秒。

❷ 拿出馬克杯，接著加入細砂糖、二砂糖、蛋黃、低筋麵粉及黑巧克力豆，充分攪拌均勻。

❸ 把馬克杯放入功率設定800W的微波爐加熱40秒，或是功率設定1000W的微波爐加熱30秒，取出馬克杯後，快速簡單把麵糊攪拌一下，再將馬克杯放入功率設定800W的微波爐加熱20秒，或是功率設定1000W的微波爐加熱15秒即可完成。

1人份料理 · 製作時間：5分鐘

花生焦糖巧克力餅乾

需要的材料有：

- 無鹽奶油 0.5公分切片
- 二砂糖 1平匙
- 蛋黃 1顆量
- 低筋麵粉 2平匙加1尖匙
- 烘烤過的花生 1茶匙

- 焦糖塊 1塊
- 牛奶巧克力豆 1大匙

開始動手做：

① 將無鹽奶油放入馬克杯中，放入功率設定800W的微波爐加熱30秒，或是功率設定1000W的微波爐加熱20秒。

② 拿出馬克杯，接著加入二砂糖、蛋黃、低筋麵粉、花生、焦糖塊及牛奶巧克力豆，充分攪拌均勻。

③ 把馬克杯放入功率設定800W的微波爐加熱1分鐘，或是功率設定1000W的微波爐加熱50秒即可完成。

1人份料理 ・ 製作時間：5分鐘

抹醬餅乾

需要的材料有：

- 無鹽奶油 0.5公分切片
- 細砂糖 1/2匙
- 二砂糖 1平匙
- 蛋黃 1顆量
- 巧克力抹醬 1又1/2大匙
- 低筋麵粉 1尖匙
- 榛果粉 1大匙
- 黑巧克力豆 2大匙
- 榛果碎粒 1大匙

開始動手做：

❶ 將無鹽奶油放入馬克杯中，放入功率設定800W的微波爐加熱30秒，或是功率設定1000W的微波爐加熱20秒。

❷ 拿出馬克杯，接著加入細砂糖、二砂糖、蛋黃、巧克力抹醬、低筋麵粉、榛果粉、黑巧克力豆及榛果碎粒，充分攪拌均勻。

❸ 把馬克杯放入功率設定800W的微波爐加熱1分鐘，或是功率設定1000W的微波爐加熱50秒即可完成。

如果想要讓成品更加可口美味，建議您先將榛果碎粒材料放入平底鍋中烘烤5分鐘，以帶出更濃郁的堅果香氣。

如果沒有榛果粉可以使用，可以用1/2匙的低筋麵粉取代。

熔岩玉米片餅乾

 需要的材料有：

- 無鹽奶油 0.5公分切片
- 細砂糖 1平匙
- 二砂糖 1平匙
- 蛋黃 1顆量
- 無糖巧克力粉 1茶匙
- 低筋麵粉 1尖匙
- 黑巧克力豆 1大匙
- 玉米片 適量

開始動手做：

① 將無鹽奶油放入馬克杯中，放入功率設定800W的微波爐加熱30秒，或是功率設定1000W的微波爐加熱20秒。

② 拿出馬克杯，接著加入細砂糖、二砂糖、蛋黃、無糖巧克力粉、低筋麵粉及黑巧克力豆，充分攪拌均勻。

③ 把馬克杯放入功率設定800W的微波爐加熱30秒，或是功率設定1000W的微波爐加熱25秒，然後將玉米片倒入麵糊中充分混合，把馬克杯放入功率設定800W的微波爐加熱10秒，或是功率設定1000W的微波爐加熱5秒即可完成。

白巧克力杏仁玫瑰餅乾

需要的材料有：

- 無鹽奶油 0.5公分切片
- 二砂糖 1平匙
- 蛋黃 1顆量
- 香草精 1茶匙
- 低筋麵粉 2平匙加1尖匙
- 玫瑰杏仁粒 2大匙
- 白巧克力豆 1大匙

開始動手做：

① 將無鹽奶油放入馬克杯中，放入功率設定800W的微波爐加熱30秒，或是功率設定1000W的微波爐加熱20秒。

② 拿出馬克杯，接著加入二砂糖、蛋黃、香草精、低筋麵粉、玫瑰杏仁粒及白巧克力豆，充分攪拌均勻。

③ 把馬克杯放入功率設定800W的微波爐加熱1分鐘，或是功率設定1000W的微波爐加熱50秒即可完成。

1人份料理 · 製作時間：5分鐘

巧克力豆**餅乾**

需要的材料有：

- 無鹽奶油 0.5公分切片
- 細砂糖 1/2大匙
- 二砂糖 1平匙
- 蛋黃 1顆量
- 低筋麵粉 2平匙加1尖匙
- 巧克力聰明豆 2又1/2大匙

開始動手做：

1. 將無鹽奶油放入馬克杯中，放入功率設定800W的微波爐加熱30秒，或是功率設定1000W的微波爐加熱20秒。

2. 拿出馬克杯，接著加入細砂糖、二砂糖、蛋黃、低筋麵粉及巧克力聰明豆，充分攪拌均勻。

3. 把馬克杯放入功率設定800W的微波爐加熱1分鐘，或是功率設定1000W的微波爐加熱50秒即可完成。

如果想要製作出全巧克力風味的巧克力豆馬克杯餅乾，可在做法❷中另外加入1大匙的巧克力粉在麵糊中拌勻。

1人份料理 ・ 製作時間：5分鐘

果汁糖餅乾

 需要的材料有：

- 無鹽奶油 0.5公分切片
- 香草糖粉 1袋(約7g)
- 蛋黃 1顆量
- 低筋麵粉 2平匙加1尖匙
- 果汁糖 兩支量

開始動手做：

① 將無鹽奶油放入馬克杯中，放入功率設定800W的微波爐加熱30秒，或是功率設定1000W的微波爐加熱20秒。

② 拿出馬克杯，接著加入香草糖粉、蛋黃、低筋麵粉，充分攪拌均勻。

③ 將其中一支果汁糖對半切斷並且放到麵糊中，另一支果汁糖切成小塊狀，平均鋪在巧克力餅乾上頭。

④ 把馬克杯放入功率設定800W的微波爐加熱1分鐘，或是功率設定1000W的微波爐加熱50秒即可完成。

雙色餅乾

需要的材料有：

- 無鹽奶油 0.5公分切片
- 細砂糖 1平匙
- 二砂糖 1平匙
- 蛋黃 1顆量
- 低筋麵粉 4平匙
- 無糖巧克力粉 1/2茶匙
- 黑巧克力豆 1大匙
- 白巧克力豆 1大匙

開始動手做：

❶ 將無鹽奶油放入馬克杯中，放入功率設定800W的微波爐加熱30秒，或是功率設定1000W的微波爐加熱20秒。

❷ 拿出馬克杯，接著加入細砂糖、二砂糖、蛋黃、低筋麵粉，充分攪拌均勻。

❸ 將一半的麵糊取出，置於另一個容器中備用，並將黑巧克力豆倒入原馬克杯中，仔細混和攪拌。接著，將無糖巧克力粉與白巧克力豆倒入另一個容器中，充分攪拌均勻後再注入原馬克杯中，讓兩個不同顏色的麵糊各置一方，形成美麗的太極圖樣。

❹ 把馬克杯放入功率設定800W的微波爐加熱1分鐘，或是功率設定1000W的微波爐加熱50秒即可完成。

焦糖夏威夷果仁**餅乾**

 需要的材料有：

- 無鹽奶油 0.5公分切片
- 焦糖精 4大匙
- 蛋黃 1顆量
- 低筋麵粉 2尖匙

- 夏威夷果仁 1大匙
- 焦糖口味巧克力豆 1大匙
- 香草冰淇淋 1球

開始動手做：

① 將無鹽奶油放入馬克杯中，放入功率設定800W
的微波爐加熱30秒，或是功率設定1000W的微
波爐加熱20秒。

② 拿出馬克杯，接著加入焦糖精、蛋黃、低筋麵
粉、夏威夷果仁及焦糖口味巧克力豆，充分攪
拌均勻。

③ 把馬克杯放入功率設定800W的微波爐加熱1分
鐘，或是功率設定1000W的微波爐加熱50秒，
取出後加上香草冰淇淋即可享用。

焦糖餅乾

需要的材料有：

- 無鹽奶油 0.5公分切片
- 細砂糖 1/2大匙
- 二砂糖 1平匙
- 蛋黃 1顆量
- 低筋麵粉 1尖匙
- 焦糖餅乾細末 2片量
- 焦糖餅乾碎片 1片量
- 牛奶巧克力豆 1大匙

開始動手做：

① 將無鹽奶油放入馬克杯中，放入功率設定800W的微波爐加熱30秒，或是功率設定1000W的微波爐加熱20秒。

② 拿出馬克杯，接著加入細砂糖、二砂糖、蛋黃、低筋麵粉、焦糖餅乾及牛奶巧克力豆，充分攪拌均勻。

③ 把馬克杯放入功率設定800W的微波爐加熱1分鐘，或是功率設定1000W的微波爐加熱50秒即可完成。

橄欖佐菲達乳酪

需要的材料有：

- 無鹽奶油 0.5公分切片
- 蛋黃 1顆量
- 鹽 1小撮
- 黑胡椒 1小撮
- 鮮奶油 1大匙
- 蕃茄泥 1大匙
  (可以使用蕃茄罐頭取代)
- 低筋麵粉 2尖匙
- 芝麻 1茶匙
- 綠橄欖和黑橄欖切丁 2大匙
- 菲達乳酪切丁 15公克

開始動手做：

① 將無鹽奶油放入馬克杯中，放入功率設定800W的微波爐加熱30秒，或是功率設定1000W的微波爐加熱20秒。

② 拿出馬克杯，接著加入蛋黃、鹽、黑胡椒、鮮奶油、蕃茄泥、低筋麵粉、芝麻、橄欖與菲達乳酪切丁後，充分攪拌均勻。

③ 把馬克杯放入功率設定800W的微波爐加熱2分鐘，或是功率設定1000W的微波爐加熱1分鐘40秒即可完成。

培根佐高達**乳酪**

需要的材料有：

- 無鹽奶油 0.5公分切片
- 蛋黃 1顆量
- 鹽 1小撮
- 黑胡椒 1小撮
- 鮮奶油 1大匙
- 低筋麵粉 2尖匙
- 孜然粉 1/2茶匙
- 培根 2大匙
- 高達乳酪切丁 20公克

開始動手做：

❶ 將培根切碎，放在覆蓋好保鮮膜的碗中，放入功率設定800W的微波爐加熱1分鐘30秒，或是功率設定1000W的微波爐加熱1分鐘10秒，使其熟透。

❷ 另外取1個馬克杯並將無鹽奶油放入其中，放入功率設定800W的微波爐加熱30秒，或是功率設定1000W的微波爐加熱20秒。

❸ 拿出馬克杯，接著加入蛋黃、鹽、黑胡椒、鮮奶油、低筋麵粉、孜然粉、培根與高達乳酪切丁，充分攪拌均勻。

❹ 把馬克杯放入功率設定800W的微波爐加熱1分鐘30秒，或是功率設定1000W的微波爐加熱1分鐘10秒即可完成。

松子火腿

需要的材料有：

- 無鹽奶油 0.5公分切片
- 蛋黃 1顆量
- 鹽 1小撮
- 乾辣椒粉 2小撮
- 鮮奶油 1大匙
- 乾酪粉 1大匙
- 低筋麵粉 2尖匙
- 松子 1大匙
- 火腿片 1片

開始動手做：

1. 將火腿片切小片，以平底鍋煎約5分鐘，確保熟透。

2. 將無鹽奶油放入馬克杯中，放入功率設定800W的微波爐加熱30秒，或是功率設定1000W的微波爐加熱20秒。

3. 拿出馬克杯，接著加入蛋黃、鹽、乾辣椒粉、鮮奶油、乾酪粉、低筋麵粉、松子和火腿片，充分攪拌均勻。

4. 把馬克杯放入功率設定800W的微波爐加熱1分鐘30秒，或是功率設定1000W的微波爐加熱1分鐘10秒即可完成。

風乾蕃茄起司

需要的材料有：

- 無鹽奶油 0.5公分切片
- 蛋黃 1顆量
- 鹽 1小撮
- 黑胡椒 1小撮
- 普羅旺斯香料 1茶匙
- 鮮奶油 1大匙
- 低筋麵粉 2尖匙
- 硬質起司切丁 20公克
- 風乾蕃茄（對半切開）2顆量

開始動手做：

1. 將無鹽奶油放入馬克杯中，放入功率設定800W的微波爐加熱30秒，或是功率設定1000W的微波爐加熱20秒。

2. 拿出馬克杯，接著加入蛋黃、鹽、黑胡椒、普羅旺斯香料、鮮奶油、乾酪粉、低筋麵粉、硬質起司切丁與風乾蕃茄，充分攪拌均勻。

3. 把馬克杯放入功率設定800W的微波爐加熱1分鐘30秒，或是功率設定1000W的微波爐加熱1分鐘10秒即可完成。

硬質起司可選用如Tomme乾酪、帕瑪森乾酪、巧達乾酪等。

馬克杯餅乾：

經典╳堅果╳水果╳美式╳開胃菜，1支湯匙搞定酥、脆、鬆、軟多重口感

作　　者──克莉絲黛 於艾-葛梅茲（Christelle Huet-Gomez）
譯　　者──陳宏美
封面設計──Rika
內頁編排──時報出版美術製作中心(孫麗雯)
副 主 編──楊淑媚
責任編輯──朱晏瑭
校　　對──朱晏瑭、楊淑媚
行銷企劃──王聖惠
董 事 長──趙政岷
總 經 理
第五編輯部總監──梁芳春

出 版 者──時報文化出版企業股份有限公司
　　　　　10803台北市和平西路三段240號7樓
　　　　　發行專線/ （02）2306-6842
　　　　　讀者服務專線/ 0800-231-705、（02）2304-7103
　　　　　讀者服務傳真/ （02）2304-6858
　　　　　郵撥/ 1934-4724時報文化出版公司
　　　　　信箱/ 台北郵政79～99信箱
時報悅讀網──www.readingtimes.com.tw
電子郵件信箱──yoho@readingtimes.com.tw
法律顧問──理律法律事務所 陳長文律師、李念祖律師
印　　刷──詠豐印刷有限公司
初版一刷──2016年4月22日
定　　價──新台幣280元

優 生 活
Unique Life

國家圖書館出版品預行編目資料

馬克杯餅乾：經典╳堅果╳水果╳美式╳開胃菜，1支湯
匙搞定酥、脆、鬆、軟多重口感 / 克莉絲黛.於艾-葛梅茲
(Christelle Huet-Gomez)作；陳宏美譯. -- 初版. -- 臺北市：時
報文化, 2016.04
　面；　公分
譯自：Mug cookies
ISBN 978-957-13-6586-2(平裝)

1.點心食譜

427.16　　　　　　　　　　　　　　105003647

ISBN 978-957-13-6586-2
Printed in Taiwan

MUG COOKIES by Christelle Huet-Gomez
© Marabout (Hachette Livre), Paris, 2015
Complex Chinese edition published through Dakai Agency
Complex Chinese edition copyright (c) 2016
China Times Publishing Company
All right reserved.

食譜校對：Anne Guerquin、Veronique Dussidour
版型設計：Frederic Voisin